BEI GRIN MACHT SICH IHR
WISSEN BEZAHLT

- Wir veröffentlichen Ihre Hausarbeit,
  Bachelor- und Masterarbeit

- Ihr eigenes eBook und Buch -
  weltweit in allen wichtigen Shops

- Verdienen Sie an jedem Verkauf

Jetzt bei www.GRIN.com hochladen
und kostenlos publizieren

Bibliografische Information der Deutschen Nationalbibliothek:

Die Deutsche Bibliothek verzeichnet diese Publikation in der Deutschen National-
bibliografie; detaillierte bibliografische Daten sind im Internet über http://dnb.d-
nb.de/ abrufbar.

Impressum:

Copyright © 2016 GRIN Verlag, Open Publishing GmbH
Druck und Bindung: Books on Demand GmbH, Norderstedt Germany
ISBN: 978-3-668-14563-4

Dieses Buch bei GRIN:

http://www.grin.com/de/e-book/315986/der-effekt-unterschiedlicher-taurinkonzen-
trationen-auf-aktivierte-b-zellen

Martin Gansel

Der Effekt unterschiedlicher Taurinkonzentrationen auf aktivierte B-Zellen

GRIN Verlag

GRIN - Your knowledge has value

Der GRIN Verlag publiziert seit 1998 wissenschaftliche Arbeiten von Studenten, Hochschullehrern und anderen Akademikern als eBook und gedrucktes Buch. Die Verlagswebsite www.grin.com ist die ideale Plattform zur Veröffentlichung von Hausarbeiten, Abschlussarbeiten, wissenschaftlichen Aufsätzen, Dissertationen und Fachbüchern.

Besuchen Sie uns im Internet:

http://www.grin.com/

http://www.facebook.com/grincom

http://www.twitter.com/grin_com

Taurin – physiologische Eigenschaften

Taurin spielt eine wichtige Rolle als inhibitorischer Neurotransmitter. Es erhöht in Nervenzellen die Permeabilität für Chloridionen und führt dadurch zu einer Hyperpolarisierung der Synapsenmembran. Damit hemmt es die Ausbildung eines Aktionspotenzials und somit die Reizweiterleitung im zentralen Nervensystem. Studien haben allerdings auch die Möglichkeit aufgezeigt, dass Taurin das Serotonin-System aktiviert.[1]

Serotonin (5-Hydroxytryptamin) ist ein Gewebshormon aus der Gruppe der biogenen Amine, das als Neurotransmitter im peripheren und Zentralnervensystem vorkommt. Die Wirkung ist vielfältig. Im Allgemeinen erfolgt eine Verengung der Blutgefäße und bei höherer Dosierung eine Erhöhung des Bludrucks. Im Zentralnervensystem besitzt Serotonin eine Neurotransmitterfunktion, die jedoch auf wenige Neurone beschränkt ist, deren Zellkörper im Mittelhirn lokalisiert sind. Diese sind an der Regulation des Schlaf-Wach-Rhythmus und der Steuerung einer normalen Stimmungslage beteiligt. Zudem zählt Serotonin zu einer Reihe körpereigener Stoffe, die Schmerz erzeugen.[2]

Für weitere Untersuchungen zur Wirkung von Taurin kann daher ein Serotonin Antagonist zugegeben werden. Ein derartiger Antagonist ist Methylsergidmaleat ([8β(S)]-9,10-Didehydro-N-[1-(hydroxymethyl)propyl]-1,6-dimethylergoline-8-carboxamide maleate) (MMS), das am Sympathicus angreift und ein Mutterkornalkaloid ist. In der Medizin wird es zur Migräneprophylaxe und bei Appetitlosigkeit eingesetzt.[3]

Die tägliche Aufnahme von Taurin mit der Nahrung liegt Schätzungen zufolge zwischen circa 0 und 400mg.[4,5] Diese starken Schwankungen lassen sich auf die individuellen Ernährungsgewohnheiten der Bevölkerung zurückführen.

Taurin selbst ist ein Abbauprodukt aus den Aminosäuren Cystein und Methionin. Der erwachsene Körper ist in der Lage Taurin selbst herzustellen, so dass er etwa die Menge von 70g bei 70kg Körpergewicht erreicht. Die Serumkonzentration eines gesunden Erwachsenen beträgt dabei ca. 50,78µmol/l (+/- 5,25).[6] Das entspricht einer Menge von 0,00635mg/ml. In Organen ist der Tauringehalt jedoch erheblich höher und liegt bei 190 bis 1324mg/kg. Die Resorption von Taurin findet über den Dünndarm statt, von dort wird es über das Blutgefäßssystem zu den Organen transportiert. Dort gelangt es wahrscheinlich über ein zelluläres Transportsystem in die Zelle.[7] Um dem erhöhten Tauringehalt nach dem Genuss von Energy-Drinks im Organsystem gerecht zu werden, werden B-Zellen unterschiedlicher Taurin-Konzentrationen ausgesetzt: 0,004, 0,04, 0,4, 1,5, 4 und 40mg/ml.

B-Lymphocyten und Antikörper

Im Laufe der Evolution haben sich fünf verschiedene Klassen von Antikörpern entwickelt, die sich vor allem durch die konstante Region des Moleküls unterscheiden. Die einzelnen Antikörperklassen sind für die Einleitung unterschiedlicher Abwehrprozesse spezialisiert, wobei dafür noch weitere Subklassen existieren.

Häufigste Antikörperklasse im Blut ist IgG, die als Monomere vorliegen. IgD und IgE liegen ebenfalls als Monomere vor, IgA als Monomer, Dimer oder noch höhere Aggregatszustände und IgM als Pentamer.

Die variablen Abschnitte der Antikörper sind so gestaltet, dass Abschnitte dieser Moleküle zur Oberflächenstruktur der Antigene passen. Diese Molekülbereiche werden als Antigen-Determinanten oder Epitope bezeichnet. Der Antikörper hindert damit den Erreger daran, sich an die Rezeptoren der Wirtszelle zu heften und dieser wird damit für die Phagocytose vorbereitet.[8]

Um thymusabhängige Antikörperreaktionen auslösen zu können, müssen B-Zellen durch T-Helferzellen aktiviert werden. Erkennt eine B-Zelle ein Epitop auf der Virushülle, kann sie das vollständige Viruspartikel aufnehmen, das schließlich abgebaut wird. Wurden T-Helferzellen bei einer Infektion durch Makrophagen durch die gleichen Peptide geprägt, können sie B-Zellen dazu anregen spezifische Antikörper gegen das Hüllprotein zu bilden. Dies erfolgt durch sogenannte bewaffnete T-Effektorzellen, die durch eine spezielle Aktivierung schnell auf spezifische Antigene reagieren können. Diese T-Zellen, die dazu in der Lage sind B-Zellen zu aktivieren werden T-Helferzellen genannt. Bewaffnete T-Helferzellen aktivieren B-Zellen, wenn sie auf deren Oberfläche ein entsprechendes Peptid erkennen (MHC-Klasse-II-Komplex). Diese sorgen wiederum dafür, dass bewaffnete T-Helferzellen Effektormoleküle synthetisieren, die dafür sorgen, dass ruhende B-Zellen in den Zellzyklus eintreten. Ein derartiges Molekül ist der CD40-Ligand, für das die B-Zelle einen entsprechenden Rezeptor trägt. Darüber hinaus ist das Interleukin-4 (IL-4), das als Peptidhormon zu den Botenstoffen des Immunsystems zählt, beteiligt. Es stimuliert aktivierte B-Lymphpcyten und bewirkt zudem einen Immunglobulin-Klassenwechsel. Die Bindung an CD40 führt zusammen mit IL-4 zum Wachstum und Vermehrung der B-Zellen. Daher werden bei der experimentellen Inkubation von B-Zellen diese beiden Faktoren zugegeben.[8]

Eingesetzte Materialien

Materialien zur Zellgewinnung und Zellkultur

Erylysepuffer	QUIAGEN
B Cell Isolation Kit, mouse	Miltenyi Biotec
MACS separation column	Miltenyi Biotec
MACS magnetic seperator	Miltenyi Biotec
Mouse Immunoglobulin Isotyping ELISA Kit	BD Biosciences-Pharmingen
PBS (steril) (Phosphate Buffered Saline)	SIGMA-ALDRICH®
Penicillin	SIGMA-ALDRICH®
Streptavidin	SIGMA-ALDRICH®
FCS (10%) (fetal bovine serum)	SIGMA-ALDRICH®
Hepes Buffer	SIGMA-ALDRICH®
RPMI 1640 Medium (rot) +L-Glutamin	SIGMA-ALDRICH®
Ascorbinsäure	MERCK®

Eingesetzte Medien

MACS-Puffer	Maus-Medium
PBS (steril) ▶ von den enthaltenen 500ml 35 ml verwerfen + 50ml FCS (10%) + 10ml 0,1M EDTA	RPMI 1640 (mit Phenol-Rot) ▶ von den enthaltenen 500ml 65ml verwerfen + 50ml FCS und anschließend 10min verrühren + 5ml Penicillin/Streptavidin-Lösung + 10ml 1M Hepes-Puffer + 0,05g Ascorbinsäure + 1,75µl β-Mercaptoethanol

Verbrauchsmaterialien

96-Well-Platten - Cell Culture Plate	CoStar®
Maxi Sorp Flachbodenplatte	Nunc™
BD Falcon Tubes 50ml/15ml	BD Biosciences
Bechergläser/Flaschen diverse	biochrom/ BRAND®
Cell Culture Dish	CORNING®
Einzelstreifen für ELISA	Nunc MaxiSorp®
Eppendorf Cups diverse	Eppendorf
Falcon Cell Strainer 70µm Nylon	BD Biosciences-Pharmingen
Pipettenspitzen diverse	Eppendorf
Schraubbecher mit Deckel	SARSTEDT
Skalpelle	Feather disposable Scalpel
Stripette 5/10/25/50ml	CoStar®
Zell-Kultur-Flaschen 25cm²/75cm²	CORNING®

Geräte

Accu jet (Motorpipettierhilfe)	BRAND®
ELISA-Reader	Emax® Molecular Devices
Inkubator 37°C	Heraeus instruments
Neubauer-Zählkammer	Gynemed
Pipetten: diverse Größen, Multipipetten, Transferpipetten	Eppendorf; BRAND®
Sterilbank	Heraeus instruments
Vortex Mixer	neoLab
Wasserbad	Julabo SW-20C
Zentrifugen	Heraeus Biofuge Fresco und Heraeus Megafuge 1.0

Das Grundprinzip der magnetischen Zellseparation

Das Verfahren, das in dieser Arbeit zur Anwendung kommt, wurde von der Firma Miltenyi Biotec entwickelt. Dabei werden zwei Reagenzien verwendet. Im ersten Schritt wird die vorliegende Zellsuspension mit sogenannten „MACS MicroBeads" inkubiert. Dabei handelt es sich um 50nm kleine magnetische Partikel, die an spezifische Antikörper gekoppelt sind. Diese Antikörper wirken gegen Oberflächenstrukturen der zu selektierenden Zellen. Diese Partikel sind so klein, dass sie andere Zellstrukturen nicht beeinflussen.

Im nächsten Schritt kommt eine Trennsäule zum Einsatz, auf die ein starkes Magnetfeld wirkt. Durch dieses Magnetfeld werden die mit den MicroBeads gelabelten Zellen zurückgehalten. Durch den Aufbau der Säule ist sichergestellt, dass alle übrigen Zellen durchfließen können. Wird mit diesen übrigen Zellen weitergearbeitet wird das Verfahren als Negativselektion bezeichnet. Bei einer Positivselektion werden die gelabelten Zellen in der Säule weiterverwendet. Dazu wird die Säule mit einem Lösungsmittel ohne die Verwendung des Magnetfeldes gespült, so dass man diese Zellen erhält.[9]

Die Gewinnung von B-Zellen aus Mäusen

Zum Einsatz kommen B-Zellen von männlichen Mäusen. Alle verwendeten Versuchstiere wurden in der Tierversuchshaltung der Medizinischen Fakultät Regensburg gehalten. Sie besitzen keine genetischen Besonderheiten. Sie werden 9-12 Wochen unter keimfreien Bedingungen aufgezogen.

Die Tötung der Mäuse erfolgt einzeln durch Zugabe von Kohlenstoffdioxid-Gas. CO_2 ist ein Gas, das schwerer als Luft ist und sich nach dem Einströmen am Boden des Behälters sammelt. Dazu vergewissert man sich vorher, ob der Behälter zunächst noch frei von CO_2 ist und gibt etwas Einstreu dazu. Anschließend setzt man das Tier in diesen Behälter und lässt das Gas einströmen.[10] Nachdem der Raum vollständig mit CO_2 gesättigt ist, wartet man etwa eine Zeit von 5 Minuten ab und entnimmt der Maus anschließend die Milz.

Die Milz liegt unterhalb des Zwerchfells im linken Oberbauch. Man legt dazu die Maus auf die rechte Körperseite und schneidet ein Fenster durch das Fell und Haut. Nun ist die Milz (Länge ca. 8mm) als rotbraunes Organ zu sehen. Die Milz wird entnommen, von anhaftendem Gewebe befreit und in 1x PBS-Puffer aufbewahrt.

Die Milz wird durch ein 70µm-Zellsieb durchpassiert und die Zellen in PBS-Puffer suspendiert. Ab diesem Zeitpunkt sollte auf eine sterile Umgebung geachtet werden. Man spült mit PBS-Puffer nach, so dass ein Gesamtvolumen von 40ml erreicht wird.

Diese Suspension wird 10 Minuten bei 4°C und 1600rpm zentrifugiert. Der Überstand wird abgegossen und das Pellet in 5ml Erylyse-Puffer aufgenommen. In diesem Zustand wird die Zellsuspension 7 bis 10 Minuten bei 4°C inkubiert. Nach dieser Zeit wird die Erylyse durch Zugabe von 35ml PBS-Puffer gestoppt. Im Anschluss folgt eine weitere Zentrifugation bei 1600rpm, 4°C und 10 Minuten Dauer. Der Überstand wird abgegossen und das Pellet in 10ml „MACS-Puffer" aufgenommen. Um Zellaggregationen, die sich nicht resuspendieren lassen, abzutrennen wird nochmals ein 70µm-Zellsieb verwendet. Von diesem Filtrat werden 10µl zur Bestimmung der Gesamtzellzahl verwendet. Im vorliegenden Fall erfolgte das durch ein Anfärben der Zellen mit Trypanblau und Bestimmung durch eine Neubauer-Zählkammer.

Die gewonnene Zellzahl hängt vom Alter und Zustand der Mäuse ab und liegt bei ca. 10^8 Zellen.

Es folgt ein weiteres Zentrifugieren bei 1600rpm.

Man führt die magnetische Zellseperation nach dem Prinzip der Negativselektion durch. Alle Zellen, außer den B-Zellen werden magnetisch gelabelt. Dafür wird ein Cocktail aus biotingebundenen Antikörpern gegen CD43 und CD4 verwendet.

Dann wird das Pellet mit 40µl MACS-Puffer pro 10^7 Zellen resuspendiert. Anschließend wird die gleiche Menge des Biotin-Antibody-Cocktails zu den Zellen gegeben. Es wird sorgfältig durchmischt und 15 Minuten bei 4°C inkubiert. Danach werden jeweils 30µl Macs-Puffer und schließlich 20µl der Anti-Biotin-MicroBeads pro 10^7 Zellen zugegeben, sorgfältig durchmischt und nochmals 15 Minuten bei 4°C inkubiert.

Nach diesem Schritt wird das Gefäß mit 5ml MACS-Puffer versetzt und wieder 10 Minuten bei 1600rpm zentrifugiert. Inzwischen bereitet man die Trennsäule vor, indem der Magnet befestigt wird und die Säule mit 500µl MACS-Puffer benetzt wird. Das Pellet aus dem Zentrifugationsschritt wird in 500µl MACS-Puffer resuspendiert und auf die Säule gegeben. Die Säule wird im Anschluss mit weiteren 500µl MACS-Puffer gewaschen. Die Flüssigkeit und alle Zellen, die die Säule verlassen, werden aufgefangen und können weiterverarbeitet werden. Dazu wird abermals bei 1600rpm zentrifugiert und das Pellet in 5ml „Mausmedium" resuspendiert. Die Bestimmung der Zellzahl erfolgt nochmals mit der Neubauer-Zählkammer und sollte etwa $15 \cdot 10^6$ Zellen ergeben.[11,12]

Vorbereitung der Proben

Die gewonnen Zellen (ca, $15 \cdot 10^6$) werden bis 8ml mit Mausmedium aufgefüllt. Da bei einem Versuchsansatz jeweils 300µl verwendet werden, liegen damit je Probe ca. $5,6 \cdot 10^5$ Zellen vor.

Grundsätzlich wird ein Well in einer Mikrotiterplatte folgendermaßen vorbereitet, indem man folgende Lösungen pipettiert:

1. 1000µl der Koffein-/Taurinlösung, damit sich bei einem Gesamtvolumen von 1500µl die gewünschte Gesamtkonzentration ergibt.
2. 300µl der gewonnen B-Zellsuspension.
3. Je nach Versuchsansatz 100µl CV-, CGS-, bzw. MMS-Lösung, so dass sich eine Gesamtkonzentration von etwa 10^{-6}mol/l ergibt.
4. 100µl einer CD-40/IL-4-Lösung, so dass die Massenkonzentration der Lösung von CD-40 2,5ng/ml und von IL-4 1ng/ml beträgt.
5. Diese Ansätze werden zuächst 16h bei 37°C inkubiert und anschließend vorsichtig 1300µl des Überstandes abgehoben, damit die Zellen zurückbleiben.
6. Dieser Überstand wird durch die entsprechende Koffein-/Taurinkonzentration, bzw. CV-,CGS oder MMS-Lösung ersetzt und weiter bis zu einer Zeit von 96h inkubiert.
7. Anschließend wird nochmals 1300µl Überstand abgehoben. Die so gewonnen Überstände werden für den ELISA verwendet.

Immunoglobulin Isotyp Assay = ELISA

Beim Verfahren des Immunoglobulin Isotyp Assay handelt es sich um ein antikörpergestütztes Nachweisverfahren. Der Begriff „Assay" bedeutet „Probe", so dass in diesem Fall ein qualitativer Nachweis der Antikörper erfolgt.

Zur Durchführung muss das zu untersuchende Antigen auf dem Boden einer Mikrotiterplatte fixiert werden. Der Boden wird mit Antikörpern beschichtet, die gegen das gesuchte Antigen wirken. Nach dieser Fixierung gibt man einen Antikörper zu, der an das Antigen bindet. An diesen Antikörper ist ein Enzym gebunden, das mit einem Farbstoff reagiert und ein positives Signal anzeigt. In der Regel ist an diesen sekundären Antikörper das Marker-Enzym Meerretichperoxidase (HRP =horseradish peroxidase) gekoppelt. Nach der Aktivierung durch das Enzym ist der Farbstoff 3,3,5,5-Tetramethylbenzidin (TMB) blau (Absorption bei 650nm). Da dieser Farbstoff lichtempfindlich ist, gibt man Schwefelsäure zu, wobei sich TMB gelb färbt. Diese Absorption kann im Fotometer bei 450nm gemessen werden. Durch die Verwendung eines sekundären Antikörpers wird diese Methode auch als Indirekte-ELISA-Methode bezeichnet.

Bei sehr schwachen Reaktionen ist es auch möglich einen weiteren Antikörper zur Signalverstärkung zu verwenden. Man benutzt dazu den Streptavidin-Biotin-HRP-Komplex. Hier wird der sekundäre Antikörper (Detektionsantikörper) an Biotin gebunden. Man bezeichnet ihn als biotinyliert. Biotin hat wiederum eine sehr hohe Bindungsaffinität zu Avidin, das sogar mehrere Biotin-Moleküle binden kann und somit zur Signalverstärkung dient. Man verwendet jedoch Streptavidin, da es seltener unspezifische Bindungen eingeht. Das Streptavidin wird auch dazu genutzt um das für die Farbreaktion benötigte Enzym HRP an den Komplex zu binden.[13]

Der Maus-Immunglobulin-Isotyp-ELISA-Test

Für die Durchführung wird der ELISA-Kit von BD-Pharmingen verwendet. Der Vorteil dieser Methode liegt darin, dass die Mikrotiterplatte nicht in einem besonderen Schritt vorab beschichtet werden muss. Man erhält dadurch schnelle und dennoch aussagekräftige Ergebnisse.

Vorgehensweise:[14]

1. Platte coaten:
   Es wird die vorliegende „Rat anti-mouse Ig"-Antikörper-Lösung im Verhältnis 1:5 mit Coating Buffer (1xPBS) verdünnt und davon jeweils 50µl in jedes Well der 96-Well-ELISA-Platte (Nunc Maxi Sorp Flachbodenplatte) pipettiert. Diese wird mindestens 10-14 Stunden bei 4°C stehen gelassen.
2. 3 x mit Waschpuffer (0,05% Tween-20 in PBS) waschen. Die überschüssige Lösung wird sorgfältig ausgeschüttelt.
3. Blocken:
   Für 30 Minuten 200µl Blocklösung (10% FCS-Lösung in 1xPBS) pro Well auftragen.
4. 3 x mit Waschpuffer waschen.
5. Auftragen der Proben und Standards:
   Von den Proben wird pro Well jeweils 100µl aufgetragen. Das wird pro Antikörper jeweils mit einer Positiv-Kontrolle (1:50-Verdünnung) und einer Negativ-Kontrolle (1xPBS) ergänzt.
   Es folgt eine Inkubationszeit von einer Stunde bei Raumtemperatur.
6. 3 x mit Waschpuffer waschen
7. Auftragen des Detektionsantikörpers:
   Die Detektionsantikörperlösung wird 1:100 verdünnt. Davon werden jeweils 100µl in jedes Well pipettiert und eine Stunde bei Raumtemperatur inkubiert. Dieser Antikörper ist bereits mit HRP konjugiert.
8. 6 x mit Wash Buffer waschen. Die Waschlösung wird dabei 30 Sekunden in der Platte belassen.

9. Auftragen der Substrat-Lösung:

Maximal 15 Minuten vor der Verwendung werden beide Substratlösungen (Substrat A und B) in gleichem Verhältnis gemischt. Von dieser Lösung werden in jedes Well 100µl gegeben und für 3 bis 10 Minuten inkubiert. Eine Blaufärbung zeigt eine positive Reaktion an.

10. Auftragen der Stopplösung (0,1M HCl)

Zusätzlich werden nun in jedes Well 50µl des Stopplösung pipettiert.

11. Lesen der Platte:

Bei 450nm Wellenlänge wird die Platte nun im ELISA-Reader gelesen. Zur Korrektur wird die Absorption bei 650nm abgezogen

Plattenlayout:

	1	2	3	4	5	6	7	8	9	10
A	0 IgG1	CV 0,15 IgG1	CV 1,5 IgG1	CV 15 IgG1	CV 40 IgG1	CV 400 IgG1	CV 4000 IgG1	Medium IgG1	Positiv Kontrolle IgG1	Negativ Kontrolle
B	0 IgG2a	CV 0,15 IgG2a	CV 1,5 IgG2a	CV 15 IgG2a	CV 40 IgG2a	CV 400 IgG2a	CV 4000 IgG2a	Medium IgG2a	Positiv Kontrolle IgG2a	Negativ Kontrolle
C	0 IgG2b	CV 0,15 IgG2b	CV 1,5 IgG2b	CV 15 IgG2b	CV 40 IgG2b	CV 400 IgG2b	CV 4000 IgG2b	Medium IgG2b	Positiv Kontrolle IgG2b	Negativ Kontrolle
D	0 IgG3	CV 0,15 IgG3	CV 1,5 IgG3	CV 15 IgG3	CV 40 IgG3	CV 400 IgG3	CV 4000 IgG3	Medium IgG3	Positiv Kontrolle IgG3	Negativ Kontrolle
E	0 IgA	CV 0,15 IgA	CV 1,5 IgA	CV 15 IgA	CV 40 IgA	CV 400 IgA	CV 4000 IgA	Medium IgA	Positiv Kontrolle IgA	Negativ Kontrolle
F	0 IgM	CV 0,15 IgM	CV 1,5 IgM	CV 15 IgM	CV 40 IgM	CV 400 IgM	CV 4000 IgM	Medium IgM	Positiv Kontrolle IgM	Negativ Kontrolle
G	0 Ig lambda	CV 0,15 Ig lambda	CV 1,5 Ig lambda	CV 15 Ig lambda	CV 40 Ig lambda	CV 400 Ig lambda	CV 4000 Ig lambda	Medium Ig lambda	Positiv Kontrolle Ig lambda	Negativ Kontrolle
H	0 Ig kappa	CV 0,15 Ig kappa	CV 1,5 Ig kappa	CV 15 Ig kappa	CV 40 Ig kappa	CV 400 Ig kappa	CV 4000 Ig kappa	Medium Ig kappa	Positiv Kontrolle Ig kappa	Negativ Kontrolle

Abb. 1: Plattenlayout des Maus-ELISA-Tests

Der Einfluss von Taurin auf B-Zellen

Hohe Taurinkonzentrationen

16h Inkubationsdauer

Bei der Untersuchung wurden die vorgenommenen Messreihen unterschiedlich aufgeteilt. In den ersten Messreihen wurde der Einfluss auf B-Lymphocyten bei höheren Taurinkonzentrationen untersucht. Diese Konzentrationen betrugen 0, 0,4, 1, 4 und 40mg/ml. 40mg/ml war die empirisch mögliche Löslichkeitsgrenze.

Nimmt man für Koffein eine mittlere Halbwertszeit von 4 Stunden an, sinkt der Koffeinspiegel im Blutplasma 16 Stunden nach der Aufnahme auf etwa 6,75%. Deshalb werden Zellen bei Koffein 16 Stunden inkubiert. Um auch langfristige Auswirkungen zu untersuchen (vgl. Dauerkonsumenten) werden die Zellen auch jeweils 96h diesen Konzentrationen ausgesetzt. Da der Körper jedoch Taurin selbst herstellen kann existiert für diesen Fall keine Halbwertszeit. Daher werden zur besseren Vergleichbarkeit die Inkubationszeiten von Koffein übernommen.

Die Versuchsbedingungen gelten hier wie bereits beschrieben für alle nachfolgenden Experimente mit Taurin. In jedem dieser Fälle wurde die Ig-Produktion mit Hilfe von ELISA untersucht. Für das 16-stündige Experiment wurden zwei Versuchsreihen angesetzt und die Ergebnisse dokumentiert. Im Versuchsverlauf wurde immer gleichzeitig die Positivkontrolle gemessen. Bei den vorliegenden Werten handelt es sich um den prozentualen Anteil der Absorption bei 450nm relativ zur Positivkontrolle.

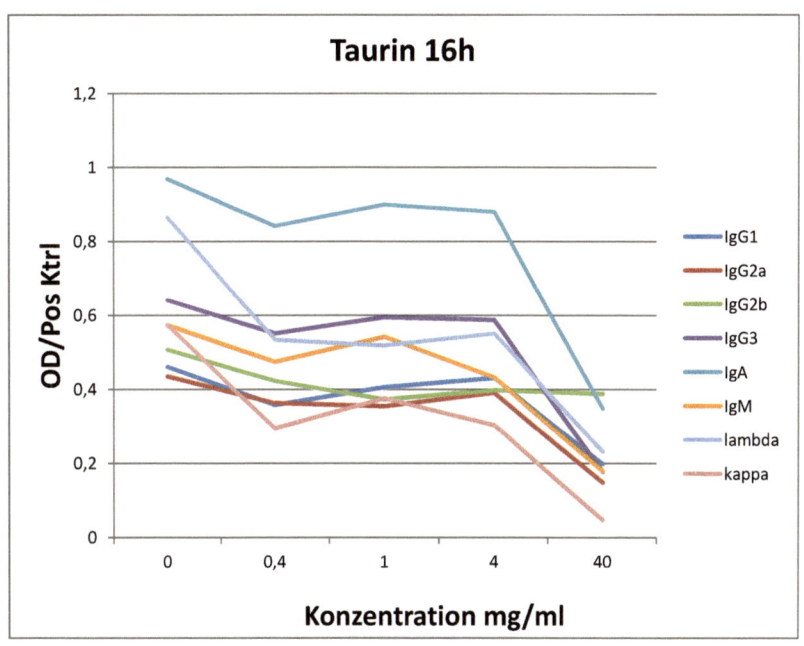

Abbildung 2: Maus-Ig-ELISA bei hohen Taurinkonzentrationen und 16h Inkubation

Bei allen Ig`s nimmt bei einer Taurinkonzentration von 0,4mg/ml die Absorption bereits um bis zu 33% ab. Eine weitere deutliche Abnahme ist von 4mg/ml zu 40mg/ml, mit Ausnahme von IgG2b zu erkennen. Hier am deutlichsten bei IgG1 mit 28,1%. Konzentrationen von 40mg/ml Taurin im Blut können jedoch unter natürlichen Bedingungen kaum erreicht werden. Daher sollte gerade der erste Abschnitt näher untersucht werden sollte.

96h Inkubationsdauer

Für das Experiment bei 96-stündiger Inkubationsdauer wurden drei Versuchsreihen angesetzt und die Ergebnisse dokumentiert. Zwei dieser Versuchsreihen sind die Fortsetzung des Experiments nach 16 Stunden. Es wurde ebenso zu jedem Ig eine Positivkontrolle gemessen und die Werte als prozentualer Bezug zur Positivkontrolle ausgegeben.

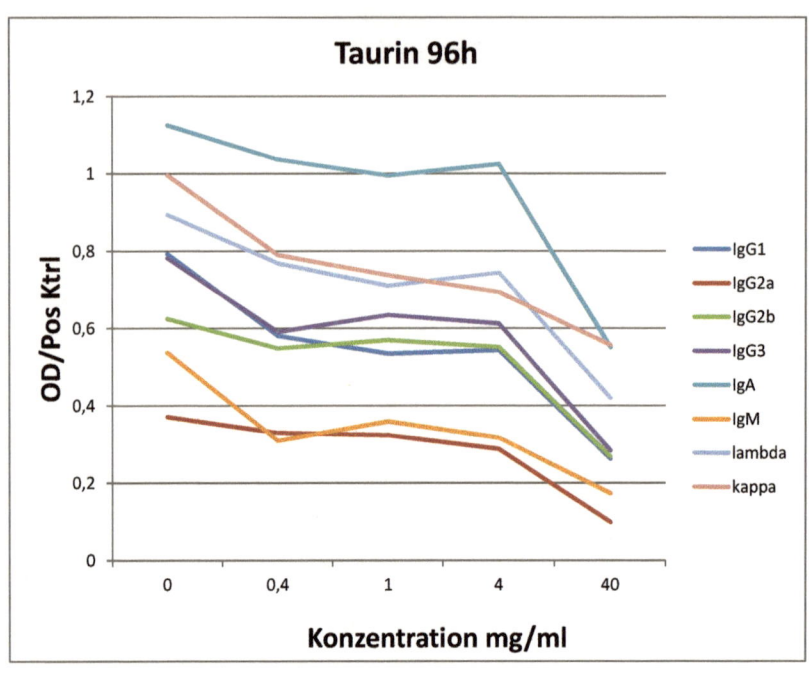

Abbildung 3: Maus-Ig-ELISA bei hohen Taurinkonzentrationen und 96h Inkubation

Auch hier nimmt die Absorption zwischen den Werten 0 und 0,4mg/ml Taurin um 4,2 bis 22,8% ab. Bei der Erhöhung der Konzentration bis 40mg/ml sinkt die Absorption nochmals um bis zu 28,1%. Dieser Kurvenverlauf ist ausnahmslos bei allen Ig`s zu beobachten und zeigt den Einfluss hoher Taurinkonzentration in der Zellsuspension.

Niedrige Taurinkonzentrationen

16h Inkubationsdauer

Die Vorgehensweise zur Gewinnung der Zellen und der Versuchsansatz unterscheiden sich nicht von der Methode bei hohen Konzentrationen. Dagegen werden die Taurinkonzentrationen auf 0,004, 0,04 und 0,4mg/ml reduziert. Zudem befindet sich die Serumkonzentration eines Erwachsenen mit 0,00635mg/ml auch in diesem Bereich. Die Versuchsansätze werden ebenfalls zunächst 16 Stunden inkubiert und anschließend gemessen:

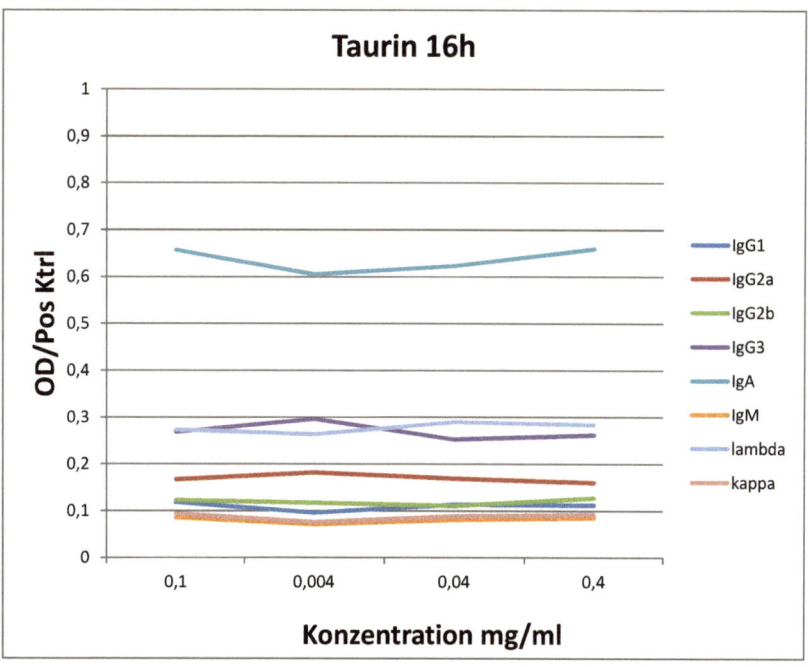

Abbildung 4: Maus-Ig-ELISA bei niedrigen Taurinkonzentrationen und 16h Inkubation

Im Bereich niedriger Konzentrationen bleiben die Absorptionswerte nahezu konstant und ändern sich um höchstens 4,3% (Ig3). Bei allen Messreihen ist eine geringere Aktivität zu beobachten.

96h Inkubationsdauer

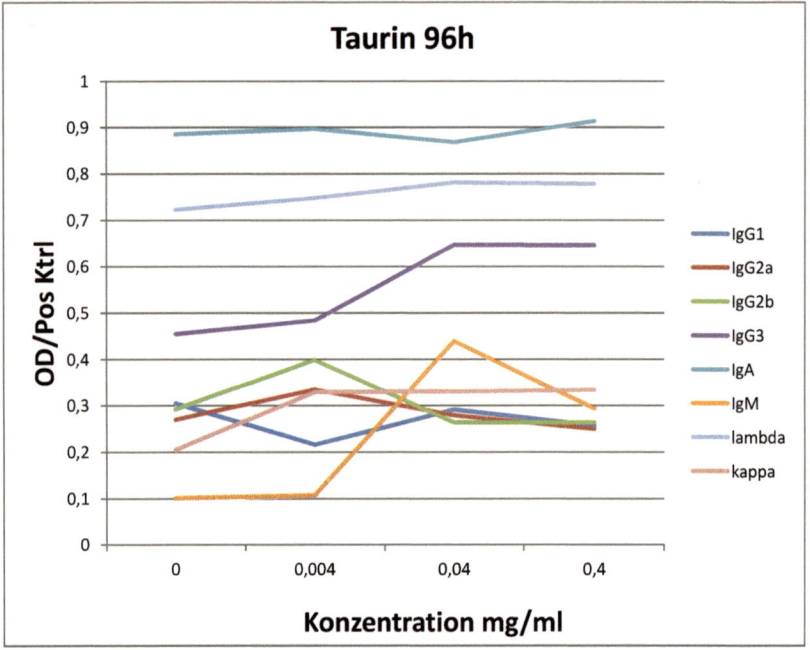

Abbildung 5: Maus-Ig-ELISA bei niedrigen Taurinkonzentrationen und 96h Inkubation

Die Aktivität unterliegt hier größeren Veränderungen als beim 16-stündigen Ansatz. Hier sind nur die Werte von IgG1, IgG2a, IgA, lambda und kappa weitgehend konstant. Die absoluten Größen der erfassten Werte sind hier wiederum etwas höher als bei der Erfassung nach 16 Stunden.

Niedrige Taurinkonzentrationen mit MMS

Da Taurin das Serotonin-System aktiviert, wird bei der weiteren Untersuchung ein Serotonin Antagonist zugegeben werden. Ein derartiger Antagonist ist Methylsergidmaleat (MMS). Bei den Ansätzen wird so viel MMS ergänzt, dass sich eine Gesamtkonzentration von etwa 10^{-6}mol/l ergibt.

16h Inkubationsdauer

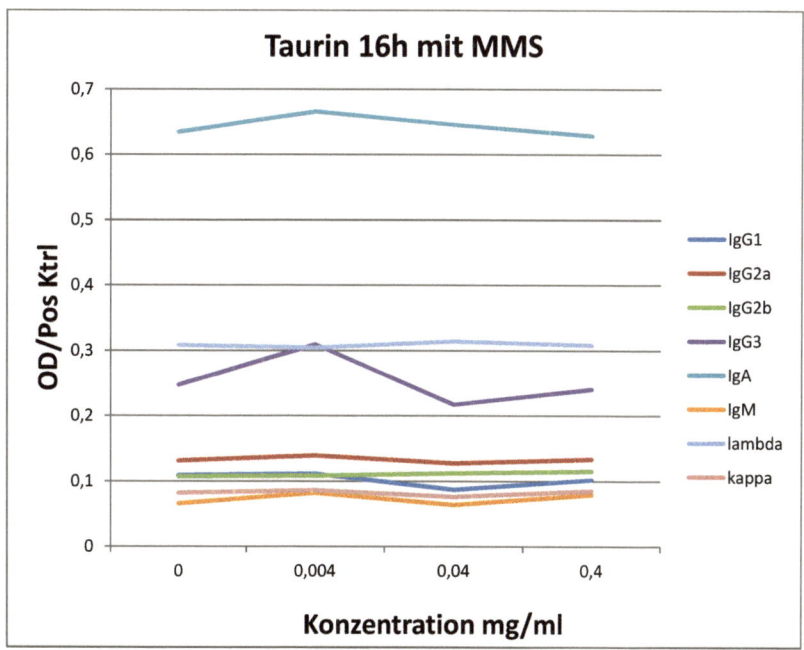

Abbildung 6: Maus-Ig-ELISA bei niedrigen Taurinkonzentrationen mit MMS und 16h Inkubation

Mit Ausnahme von IgG3 (9,2% Differenz) zeigen sich innerhalb der Messreihen nur geringe Unterschiede.

Vergleich der Werte mit der 16h-Inkubation ohne MMS

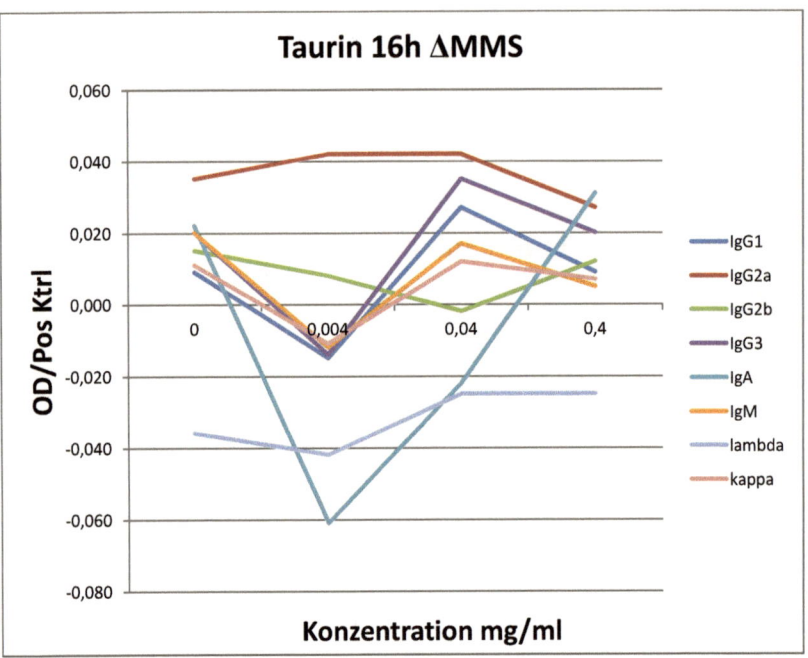

Abbildung 7: ΔMMS bei16h Taurininkubation

Einheitliche Kurvenverläufe zeigen nur bei IgG1, IgG3, IgM und kappa, bei einer Schwankung um den 0-Wert. Lambda verhält sich ähnlich, die Aktivität ist jedoch geringer als ohne MMS. IgG1 unterliegt einer großen Veränderung im Vergleich zum Ansatz ohne MMS, bei IgG2a zeigen die Zellen eine höhere Aktivität.

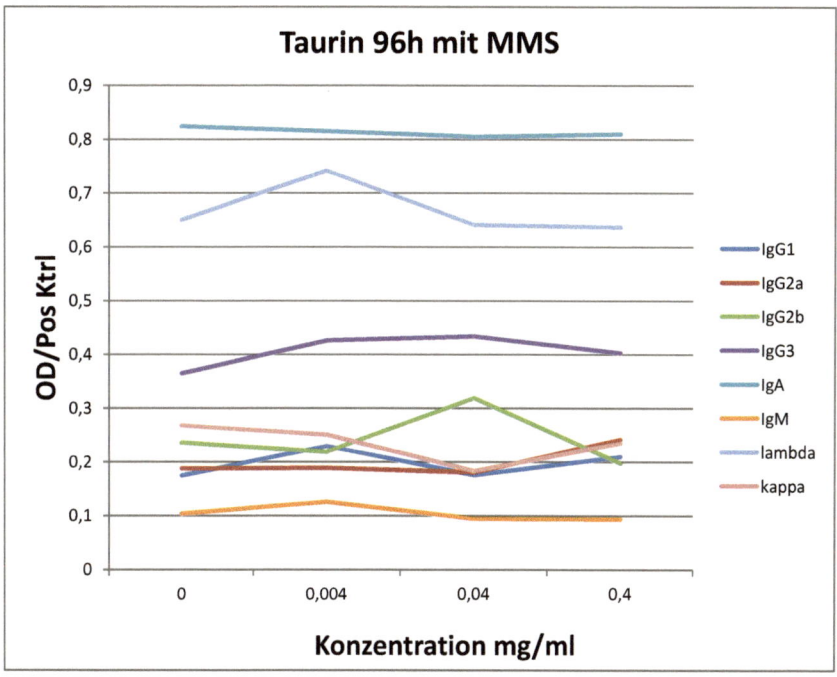

Hier ist die Aktivität der Zellen auch bei allen IgG's nahezu konstant. Auffällig hoch ist die IgG1, die lambda und IgG3-Produktion.

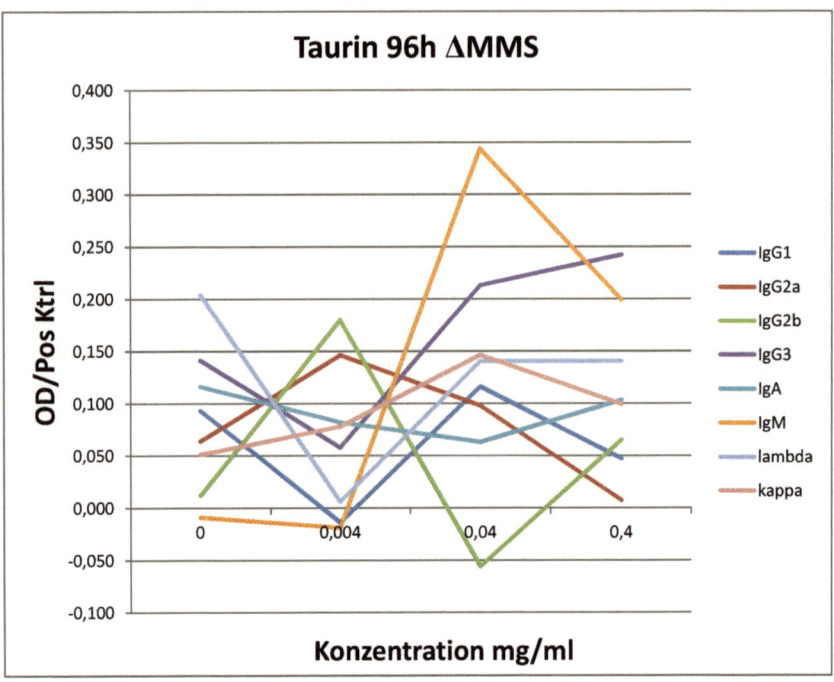

Der Vergleich zeigt keine einheitlichen Kurvenverläufe, der Großteil der Kurven befindet sich jedoch im positiven Bereich. Einzige Ausnahme sind die Ansätze ohne Koffein und die Konzentration 0,004mg/ml bei IgM und 0,04mg/ml bei IgG2b.

Auswertung

Taurin besitzt im Bereich der Fitness oder im Kraftsport einen fast schon legendären Ruf. Es stellt sich jedoch die Frage, inwieweit Zellen grundsätzlich davon profitieren. Die Zellen des Immunsystems, und hier besonders die B-Lymphocyten haben eine zentrale Funktion im Organismus. Die Inkubation von B-Zellen bei bestimmten Taurinkonzentrationen gibt Hinweise auf die Reaktion dieser Zellen bei bestimmten Plasmakonzentrationen nach Einnahme von Taurin.

Hohe Taurinkonzentrationen senken dabei grundsätzlich die Aktivität von B-Zellen, sowohl bei 16h, als auch bei 96h Inkubationszeit. Signifikant ist diese geringere Aktivität allerdings erst ab einer Konzentration 40mg/ml. Eine Veränderung des grundsätzlichen Niveaus der einzelnen Kurvenverläufe im Vergleich von 16 und 96 Stunden Inkubation muss nicht zwangsläufig einen Aktivitätsunterschied bedeuten. Die Farbänderung des Farbstoffs 3,3,5,5-Tetramethylbenzidin von blau nach gelb erfolgt durch die Zugabe von Schwefelsäure. Diese Zugabe erfolgt nicht nach einer vorgegebenen Zeit, sondern nach einer deutlich erkennbaren Blaufärbung der Ansätze. Zudem handelt es sich um die Untersuchung von biologischen Systemen, die sich in ihrer Reaktion etwas unterscheiden können.

Eine Konzentration von bis zu 40mg/ml im Blutplasma wird unter natürlichen Umständen kaum erreicht. Daher wurde die Wirkung von Taurin in einer Versuchsreihe mit geringeren Konzentrationen näher untersucht. Die 16-stündige Inkubation zeigt kaum Änderungen in der B-Zellaktivität. Bei 96 Stunden unterliegt die Aktivität größeren Schwankungen, wobei das für die einzelnen Ig`s kein einheitliches Muster ergibt. In der Summe sind auch hier die Auswirkungen gering.

Ein Vergleich mit der Untersuchung unter MMS (Methylsergidmaleat)-Zugabe sollte schließlich zeigen, ob die Beeinflussung des Serotonin-Systems Auswirkungen auf die Wirkung von Taurin hat. Da MMS die Funktion eines Serotonin-Antagonist besitzt, hätte Taurin damit keinen unmittelbaren Einfluss mehr auf dieses System. Grundsätzlich unterliegt auch hier die Aktivität der B-Zellen bei der 16-stündigen, wie auch bei der 96-stündigen Inkubation nur sehr geringen Schwankungen. Eine Messung der direkten Differenz zeigt zwar in den Kurvenverläufen Schwankungen, die jedoch vergleichsweise gering sind. Daher ist der Einfluss eines derartigen Antagonisten und der Einfluss von Taurin auf das Serotonin-Systems in B-Zellen wohl sehr gering.

Zu berücksichtigen ist allerdings, dass diese Zellen mit den Faktoren CD40 und IL-4 aktiviert wurden. Die Experimente wurden zwar außerhalb eines Organismus durchgeführt, allerdings mit aktivierten B-Zellen. Daher ist anzunehmen, dass deren Aktivität im lebenden System noch etwas geringer ist.

Grundsätzlich kann auf Basis dieser Messergebnisse darauf geschlossen werden, dass die Einnahme von Taurin zumindest nur sehr geringen Einfluss auf B-Zellen besitzt. Einzige Ausnahme ist hier die Auswirkung hoher Dosierung. Daher wäre das als Motivation einer Nahrungssupplementierung im Prinzip nicht zu rechtfertigen.

Literaturverzeichnis

1. Bulley S, Liu Y, Ripps H, Shen W: Taurine activates delayed rectifier Kv channels via a metabotropic pathway in retinal neurons; J Physiol. 2013 Jan 1;591(Pt 1):123-32. doi: 10.1113/jphysiol.2012.243147. Epub 2012 Oct 8

2. Hariprasath kothandam, Priyadarsini Biradugadda, Brahmini Maganti, Tanikonda Keerthi, Babitha Vegunta, VidyaSagar Kopparapu, Venkatesh Palaniyapan: Taurine, "A Key Amino Acid in the Drug Discovery" - A Review. Asian journal of biomedical and pharmaceutical sciences 2012. Sir C. R. Reddy Colllege of Pharmaceutical Sciences, Eluru-534007, W.G. Dist, A.P.

3. Masalov IS, Tsvetkov EA, Lokshina EI, Veselkin NP: Effect of antagonists of 5-HT receptors on modulation with serotonin of synaptical activity of projectional neurons of dorsolateral nucleus of rat amygdala. Zh Evol Biokhim Fiziol. 2012 Sep-Oct;48(5):455-60

4. Pogan, K.: Gewebespezifische Verwertung von Taurinkonjugaten, Köster, Berlin, 1998

5. Huxtable, R.: Taurine 2: basic and clinical aspects; Advances in Experimental Medicine and Biology 403; Plenum Press; New York, 1996

6. Ibraheem M. A. EL Agouza and Dalia E. EL Nashar: Serum Taurine as a Marker of Endometrial Cancer; The Open Women's Health Journal, 2011, 5, 1-6

7. Jacobsen, J.; Smith, L.; Biochemistry and Physiology of Taurine and Taurine Derviatives; Phys. Rev. 48; 1968

8. Charles A. Janeway, Paul Travers, Mark Walport, Mark Shlomchik: Immunbiologie, Spektrum Akademischer Verlag, 5. Auflage, 2002

9. M. Zborowski, J.J. Chalmers: Magnetic cell seperation, Elsevier B.V. 2008

10. Empfehlungen zum Töten von Kleinsäugern zu Futterzwecken: Tierärztliche Vereinigung für Tierschutz e.V. Arbeitskreis 8 (Zoofachhandel und Heimtierhaltung)

11. Herstellerangaben: B Cell Isolation Kit, Order no. 130-090-862, Miltenyi Biotec Inc.

12. Gerhard Gstraunthaler, Toni Lindl: Zell- und Gewebekultur: Allgemeine Grundlagen und spezielle Anwendungen; Springer Pektrum Verlag 7., überarb. u. erg. Aufl. 2013, XIII

13. Eva Engvall, Peter Perlmann: Enzyme-Linked Immunosorbent Assay, Elisa, Quantitation of Specific Antibodies by Enzyme-Labeled Anti-Immunoglobulin in Antigen-Coated Tubes, The Journal of Immunology July 1, 1972

14. Herstellerangaben: Mouse Immunoglobulin Isotyping ELISA Kit, Technical Data Sheet, Material Number 550487, BD Pharmingen.

Anhang

Bei den folgenden Tabellen handelt es sich um SPSS-Tabellen der Mittelwerte, die als Abbildungen bereits dargestellt wurden. Dies sind keine Einzelmessungen, sondern Mittelwerte von Messreihen.

Maus-Ig-ELISA bei hohen Taurinkonzentrationen und 16h Inkubation:

Deskriptive Statistiken

Abhängige Variable:Absorption

Isotyp	Konzentration	Mittelwert	Standardabweichung	N
IgG1	0	,45950	,514067	2
	0,4	,35700	,427092	2
	1	,40500	,489318	2
	4	,43050	,491439	2
	40	,19700	,038184	2
	Gesamt	,36980	,335834	10
IgG2a	0	,43400	,374767	2
	0,4	,36200	,291328	2
	1	,35400	,296985	2
	4	,39000	,333754	2
	40	,14650	,037477	2
	Gesamt	,33730	,241560	10
IgG2b	0	,50600	,489318	2
	0,4	,42200	,296985	2
	1	,37150	,313248	2
	4	,39750	,348604	2
	40	,38700	,148492	2
	Gesamt	,41680	,256455	10
IgG3	0	,64000	,436992	2
	0,4	,55000	,420021	2
	1	,59400	,390323	2
	4	,58650	,310420	2
	40	,17600	,140007	2
	Gesamt	,50930	,320003	10

IgA	0	,96650	,017678	2
	0,4	,84050	,010607	2
	1	,89800	,032527	2
	4	,87950	,016263	2
	40	,34700	,042426	2
	Gesamt	,78630	,236329	10
IgM	0	,57250	,400930	2
	0,4	,47350	,153442	2
	1	,54150	,197283	2
	4	,43100	,254558	2
	40	,17800	,072125	2
	Gesamt	,43930	,233004	10
lambda	0	,86300	,009899	2
	0,4	,53350	,101116	2
	1	,51750	,007778	2
	4	,55000	,111723	2
	40	,23050	,061518	2
	Gesamt	,53890	,218116	10
kappa	0	,57250	,318905	2
	0,4	,29400	,207889	2
	1	,37500	,182434	2
	4	,30300	,149907	2
	40	,04600	,031113	2
	Gesamt	,31810	,232677	10
Gesamt	0	,62675	,327820	16
	0,4	,47906	,260581	16
	1	,50706	,272534	16
	4	,49600	,273322	16
	40	,21350	,122110	16
	Gesamt	,46447	,288303	80

Maus-Ig-ELISA bei hohen Taurinkonzentrationen und 96h Inkubation:

Deskriptive Statistiken

Abhängige Variable:Absorption

Isotyp	Konzentration	Mittelwert	Standardabweichung	N
IgG1	0	,79200	,681029	3
	0,4	,58067	,406843	3
	1	,53400	,333546	3
	4	,54300	,327400	3
	40	,26267	,288065	3
	Gesamt	,54247	,404241	15
IgG2a	0	,37100	,286587	3
	0,4	,32900	,191679	3
	1	,32367	,127692	3
	4	,28767	,237734	3
	40	,09900	,077485	3
	Gesamt	,28207	,194855	15
IgG2b	0	,62367	,401562	3
	0,4	,54767	,321996	3
	1	,56867	,261687	3
	4	,55133	,281287	3
	40	,26833	,332073	3
	Gesamt	,51193	,302281	15
IgG3	0	,78167	,394575	3
	0,4	,59033	,305012	3
	1	,63400	,195599	3
	4	,61200	,263080	3
	40	,28333	,265055	3
	Gesamt	,58027	,298935	15
IgA	0	1,12467	,274238	3
	0,4	1,03633	,273825	3
	1	,99400	,274629	3
	4	1,02367	,235086	3
	40	,55000	,548523	3
	Gesamt	,94573	,356491	15

IgM	0	,53733	,289970	3
	0,4	,30933	,075739	3
	1	,35967	,187564	3
	4	,31667	,089198	3
	40	,17367	,133422	3
	Gesamt	,33933	,190290	15
lambda	0	,89300	,052431	3
	0,4	,76800	,077872	3
	1	,70967	,144659	3
	4	,74333	,080885	3
	40	,41867	,342059	3
	Gesamt	,70653	,219563	15
kappa	0	,99600	,767403	3
	0,4	,78900	,809076	3
	1	,73733	,768358	3
	4	,69367	,705384	3
	40	,55600	,905129	3
	Gesamt	,75440	,687134	15
Gesamt	0	,76492	,442773	24
	0,4	,61879	,391132	24
	1	,60762	,354549	24
	4	,59642	,357263	24
	40	,32646	,397578	24
	Gesamt	,58284	,409073	120

Maus-Ig-ELISA bei niedrigen Taurinkonzentrationen und 16h Inkubation ohne MMS:

Deskriptive Statistiken

Abhängige Variable:Absorption

Isotyp	Konzentration	Mittelwert	Standardabweichung	N
IgG1	0	,11775	,022232	4
	0,004	,09600	,013856	4
	0,04	,11325	,010689	4
	0,4	,11150	,002887	4
	Gesamt	,10963	,015275	16
IgG2a	0	,16625	,042445	4
	0,004	,18150	,021977	4
	0,04	,16900	,008083	4
	0,4	,16025	,030314	4
	Gesamt	,16925	,026792	16
IgG2b	0	,12175	,033200	4
	0,004	,11625	,011266	4
	0,04	,11025	,002630	4
	0,4	,12725	,013961	4
	Gesamt	,11888	,018132	16
IgG3	0	,26700	,028879	4
	0,004	,29525	,032633	4
	0,04	,25250	,004041	4
	0,4	,26075	,036096	4
	Gesamt	,26888	,030318	16
IgA	0	,65650	,040534	4
	0,004	,60450	,059473	4
	0,04	,62325	,010720	4
	0,4	,65950	,036382	4
	Gesamt	,63594	,043486	16
IgM	0	,08550	,007506	4
	0,004	,07075	,001500	4
	0,04	,08125	,006652	4
	0,4	,08475	,015305	4
	Gesamt	,08056	,010217	16

lambda	0	,27250	,007047	4
	0,004	,26225	,019990	4
	0,04	,28925	,045346	4
	0,4	,28300	,014583	4
	Gesamt	,27675	,025624	16
kappa	0	,09375	,003202	4
	0,004	,07600	,003464	4
	0,04	,08825	,003775	4
	0,4	,09175	,003202	4
	Gesamt	,08744	,007746	16
Gesamt	0	,22262	,182089	32
	0,004	,21281	,172223	32
	0,04	,21588	,173317	32
	0,4	,22234	,183368	32
	Gesamt	,21841	,175758	128

Maus-Ig-ELISA bei niedrigen Taurinkonzentrationen und 96h Inkubation ohne MMS:

Deskriptive Statistiken

Abhängige Variable:Absorption

Isotyp	Konzentration	Mittelwert	Standardabweichung	N
IgG1	0	,10925	,000500	4
	0,004	,11100	,020785	4
	0,04	,08675	,007228	4
	0,4	,10250	,012124	4
	Gesamt	,10238	,014962	16
IgG2a	0	,13150	,006952	4
	0,004	,13925	,010112	4
	0,04	,12650	,013868	4
	0,4	,13325	,022232	4
	Gesamt	,13263	,013769	16
IgG2b	0	,10700	,004690	4
	0,004	,10800	,005228	4
	0,04	,11225	,026850	4
	0,4	,11525	,006702	4
	Gesamt	,11063	,013221	16
IgG3	0	,24725	,048217	4
	0,004	,30950	,028077	4
	0,04	,21750	,018484	4
	0,4	,24025	,022809	4
	Gesamt	,25363	,045101	16
IgA	0	,63425	,052258	4
	0,004	,66550	,020240	4
	0,04	,64500	,027191	4
	0,4	,62825	,063809	4
	Gesamt	,64325	,042482	16
IgM	0	,06600	,003464	4
	0,004	,08225	,004924	4
	0,04	,06400	,015011	4
	0,4	,07950	,015610	4
	Gesamt	,07294	,013031	16

lambda	0	,30850	,038127	4
	0,004	,30400	,017944	4
	0,04	,31400	,028296	4
	0,4	,30850	,022546	4
	Gesamt	,30875	,025106	16
kappa	0	,08250	,012124	4
	0,004	,08650	,009256	4
	0,04	,07575	,002062	4
	0,4	,08525	,008958	4
	Gesamt	,08250	,009048	16
Gesamt	0	,21078	,183177	32
	0,004	,22575	,190977	32
	0,04	,20522	,187781	32
	0,4	,21159	,179292	32
	Gesamt	,21334	,183315	128

Maus-Ig-ELISA bei niedrigen Taurinkonzentrationen und 96h Inkubation ohne MMS:

Deskriptive Statistiken

Abhängige Variable:Absorption

Isotyp	Konzentration	Mittelwert	Standardabweichung	N
IgG1	0	,26800	,035796	4
	0,004	,21500	,031177	4
	0,04	,29050	,039846	4
	0,4	,25600	,000000	4
	Gesamt	,25738	,039626	16
IgG2a	0	,25025	,001893	4
	0,004	,33425	,071881	4
	0,04	,27800	,062354	4
	0,4	,24825	,038413	4
	Gesamt	,27769	,058239	16
IgG2b	0	,24700	,035796	4
	0,004	,39775	,006652	4
	0,04	,26225	,033200	4
	0,4	,26175	,058602	4
	Gesamt	,29219	,071934	16
IgG3	0	,50525	,109409	4
	0,004	,48300	,016207	4
	0,04	,64575	,246252	4
	0,4	,64500	,296190	4
	Gesamt	,56975	,195670	16
IgA	0	,93850	,162256	4
	0,004	,89600	,116628	4
	0,04	,86650	,080839	4
	0,4	,91200	,155887	4
	Gesamt	,90325	,121979	16
IgM	0	,09350	,004655	4
	0,004	,10650	,043882	4
	0,04	,43800	,315817	4
	0,4	,29250	,259230	4
	Gesamt	,23262	,235340	16

lambda	0	,85325	,226694	4
	0,004	,74700	,056125	4
	0,04	,77975	,084089	4
	0,4	,77675	,087690	4
	Gesamt	,78919	,124476	16
kappa	0	,31800	,148959	4
	0,004	,32850	,148962	4
	0,04	,32900	,185935	4
	0,4	,33300	,187661	4
	Gesamt	,32712	,151216	16
Gesamt	0	,43422	,310442	32
	0,004	,43850	,260706	32
	0,04	,48622	,272726	32
	0,4	,46566	,295958	32
	Gesamt	,45615	,283022	128

Maus-Ig-ELISA bei niedrigen Taurinkonzentrationen und 96h Inkubation mit MMS:

Deskriptive Statistiken

Abhängige Variable:Absorption

Isotyp	Konzentration	Mittelwert	Standardabweichung	N
IgG1	0	,17425	,061489	4
	0,4	,22900	,030033	4
	0,04	,17425	,059180	4
	0,004	,20850	,061776	4
	Gesamt	,19650	,054630	16
IgG2a	0	,18625	,025118	4
	0,4	,18750	,027135	4
	0,04	,17950	,024826	4
	0,004	,24075	,014151	4
	Gesamt	,19850	,032884	16
IgG2b	0	,23500	,028296	4
	0,4	,21850	,005802	4
	0,04	,31800	,026558	4
	0,004	,19750	,038109	4
	Gesamt	,24225	,053170	16
IgG3	0	,36475	,014751	4
	0,4	,42500	,048497	4
	0,04	,43300	,038704	4
	0,004	,40250	,025994	4
	Gesamt	,40631	,041185	16
IgA	0	,82250	,046206	4
	0,4	,81425	,101362	4
	0,04	,80400	,086622	4
	0,004	,80925	,058117	4
	Gesamt	,81250	,068612	16
IgM	0	,10300	,010985	4
	0,4	,12475	,015500	4
	0,04	,09425	,038396	4
	0,004	,09325	,017037	4
	Gesamt	,10381	,024419	16

35

lambda	0	,64875	,064484	4
	0,4	,74100	,011518	4
	0,04	,63975	,046046	4
	0,004	,63600	,029155	4
	Gesamt	,66638	,058781	16
kappa	0	,26675	,001258	4
	0,4	,25025	,031489	4
	0,04	,18300	,009238	4
	0,004	,23375	,022824	4
	Gesamt	,23344	,037008	16
Gesamt	0	,35016	,243755	32
	0,4	,37378	,254072	32
	0,04	,35322	,244761	32
	0,004	,35269	,237851	32
	Gesamt	,35746	,242453	128